W9-BBC-431

C.1

Así es mi mundo

EXPERIMENTOS CIENTIFICOS

por Vera R. Webster

Traductora: Lada Josefa Kratky
Consultante: Dr. Orlando Martinez-Miller

*Este libro fue preparado
bajo la dirección de
Illa Podendorf,
antes con la Escuela Laboratorio de la
Universidad de Chicago*

 CHILDRENS PRESS ®
CHICAGO

FOTOGRAFIAS

Tony Freeman—Portada, 2, 4 (3 fotos), 6, 7, 9, 12, 13, 14, 15, 16 (2 fotos), 17, 20 (2 fotos), 21 (2 fotos), 23 (2 fotos), 24, 25, 26, 27, 29, 30, 31, 34 (2 fotos), 36 (izquierda), 38 (2 fotos), 40 (2 fotos), 41, 42, 43 (2 fotos)

Abbott Hunsucker—10, 18

Inland Steel Co.—31

Jim Berryman—33 (abajo)

Lynn Stone—33 (arriba)

James Mejuto—36 (centro y derecha)

Tom Winter—37

PORTADA—Experimentos con un imán

El imán atrae a los objetos de hierro o de acero.

Library of Congress Cataloging-in-Publication Data

Webster, Vera R.
  Experimentos científicos

  (Así es mi mundo)
  Incluye un índice.
  Resumen: Descripción de conceptos como la fuerza y el movimiento, la gravedad, los imanes, las ruedas, las poleas y los engranajes, con experimentos relacionados con cada uno.
  1. Ciencias—Experimentos—Literatura juvenil.
[1. Ciencias—Experimentos. 2. Experimentos.
3. Materiales en español] 1. Título. 2. Serie.
Q164.W4318 1986   530'.07'8   85-31403
ISBN 0-516-31646-X

CONTENIDO

LA FUERZA Y
EL MOVIMIENTO

Un jet pasa por arriba.

Un carro viaja por la carretera.

Un ventilador gira.

Un niño corre por la calle.

Todas estas cosas se mueven.

¿Qué hace que se muevan?

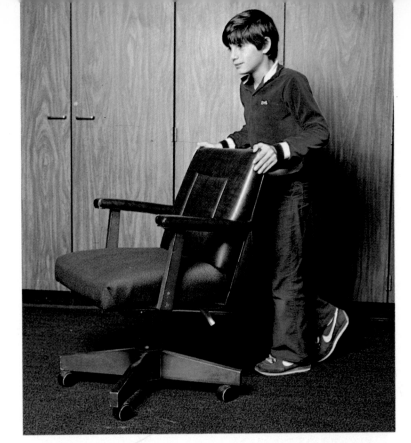

Las cosas no se mueven solas.

Mueve una silla. ¿Qué hiciste para hacer que se moviera?

¿Le diste un empujón o tiraste de ella?

Las cosas necesitan un tirón
o un empujón para hacerlas
mover.

Los tirones y empujones se
llaman fuerzas.

¿HACIA DONDE VA?

Haz rodar una pelota por el piso. ¿La empujaste o tiraste de ella? ¿Rodó la pelota en la misma dirección en que la empujaste?

Arrastra una caja por el piso. ¿La empujaste o tiraste de ella? ¿Se movió la caja en la misma dirección en que tiraste de ella?

Para empezar el movimiento
de algo se necesita un
empujón o un tirón. El objeto
se moverá en la dirección del
empujón o del tirón.

Se necesita fuerza para tirar de un cochecito.

¿CUANTA FUERZA SE NECESITA?

Las fuerzas pueden ser diferentes.

Se necesita mucha fuerza para mover una cosa grande. Se necesita poca fuerza para mover una cosa pequeña.

Trata de hacerlo y verás.

10

EXPERIMENTO

Amarra una cuerda alrededor de un bloque de madera. Luego amarra la cuerda a una liga. Tira del bloque. ¿Qué pasa?

Ahora amarra una cuerda alrededor de un ladrillo. Luego amarra la cuerda a una liga. Tira del ladrillo.

¿Cuál fue el más difícil de tirar? ¿Para cuál se necesitaba más fuerza? ¿Cómo lo sabes?

CUANDO LAS FUERZAS SON IGUALES

Un niño empuja un escritorio en una dirección. Otro niño lo empuja en la dirección opuesta. Un niño empuja tanto como el otro. Las fuerzas son iguales.

¿Se moverá el escritorio?

Si un niño empuja más que el otro, ¿se moverá el escritorio? ¿En qué dirección se moverá?

Trata de hacerlo y verás.

EXTREMOS OPUESTOS

Cuando los tirones son iguales de ambos lados, entonces el objeto no se moverá.

Si el tirón es más fuerte
hacia una dirección, entonces
el objeto se moverá. ¿En que
dirección se moverá?

LA FUERZA QUE ATRAE

La gravedad es el tirón de la Tierra.

Nos deslizamos cuesta abajo en un tobogán a causa del tirón de la gravedad.

El agua corre cuesta abajo a causa del tirón de la gravedad.

Los objetos se caen a la tierra a causa del tirón de la gravedad.

Cuando saltas siempre caes.
La gravedad te tira hacia
abajo.

Cuando tiras una pelota
hacia arriba, siempre cae. La
gravedad la atrae.

¿Con cuánta fuerza tira la
gravedad?

EXPERIMENTO

Siente la fuerza de la gravedad.
Ponte un libro sobre la mano
y extiende el brazo.
¿Sientes que se te cansa el
brazo? La gravedad tira de él. No
dejes caer el libro.

MIDIENDO LA FUERZA DE LA GRAVEDAD

Cuando te pesas, estás midiendo la fuerza de la gravedad.

Pesa algunos objetos. El peso es una medida de la gravedad. Cuanto más pesa un objeto, tanto mayor es la fuerza de la gravedad.

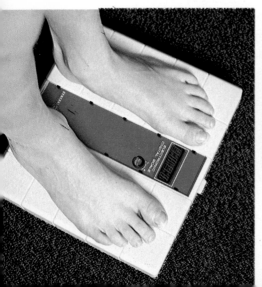

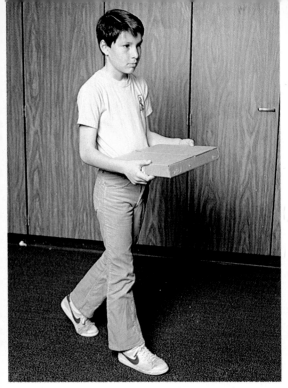

   Cuando alzas algo, tu tirón
se opone a la fuerza de la
gravedad. Trata de alzar
diferentes objetos—objetos
pesados y objetos livianos.
   ¿Tira más la gravedad de
los objetos livianos o de
los objetos pesados?

La fuerza de la gravedad hace que los objetos se queden en la Tierra—los edificios, los carros, los trenes, y aun tú. ¿Qué debemos hacer para salir de la Tierra?

Los aviones y las grúas son suficientemente fuertes para superar la fuerza de la gravedad.

Una fuerza opuesta a la fuerza de la gravedad alza los objetos de la Tierra.

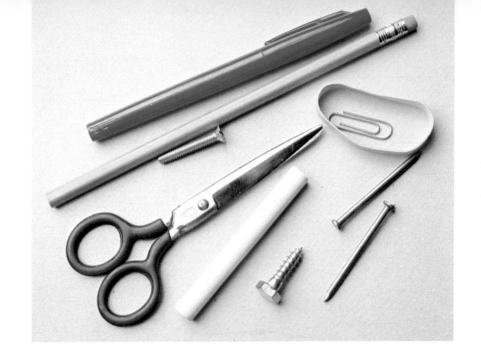

IMANES

Usa un imán para recoger algo. ¿Sabes cuál de estos objetos recogerá un imán?

Un imán no recogerá
ninguno de estos objetos.

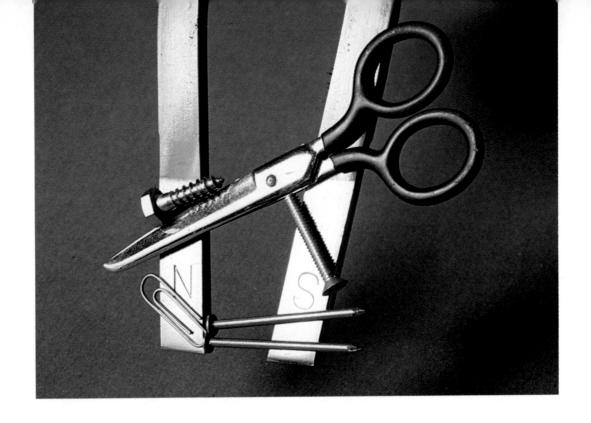

Un imán recogerá todos
estos objetos. Estos objetos
son de hierro o de acero.
   Los imanes recogen objetos
hechos de hierro o de acero.

Los imanes son de
diferentes formas. Son de
diferentes tamaños.

Los imanes grandes no son
siempre los más fuertes.

Puedes averiguar cosas
interesantes acerca de los
imanes. Voltea la página.

POLOS MAGNETICOS

Las puntas de los imanes se llaman polos. Un imán tiene un polo que apunta hacia el norte y un polo que apunta hacia el sur.

¿Puedes averiguar cuál es cuál?

EXPERIMENTO

Usa dos imanes de barra.

Cuelga un imán de barra de tal manera que quede suspendido libremente. Cuando deje de moverse, marca la punta que apunta hacia el norte con una "N". Marca la punta que apunta hacia el sur con una "S".

Ahora haz lo mismo con el otro imán de barra.

¿Por qué crees que el imán apunta hacia el norte y el sur?

OTRO EXPERIMENTO

Ahora usa los imanes marcados con "N" y "S". Cuelga uno de una cuerda. Luego sujeta el polo "N" junto al otro polo "N". ¿Qué pasa?

Ahora sujeta el polo "S" junto al otro polo "S". ¿Qué pasa?

Ahora sujeta el polo "S" junto al polo "N". ¿Qué pasa?

Un electro imán
gigante en
operación en
una planta de
acero.

Descubrirás que dos polos
iguales se rechazan. Dos polos
diferentes se atraen.

La forma en que los imanes
se rechazan y atraen los hace
muy útiles.

LA ENERGIA Y EL MOVIMIENTO

Siempre que se hace mover algo se usa energía. Se necesita energía para empujar o tirar de algo. Se puede cambiar una forma de energía a otra forma.

La energía del agua que cae se puede cambiar a energía eléctrica.

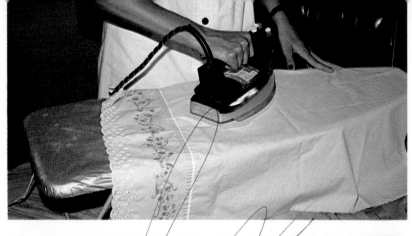

La energía eléctrica se puede convertir en calor en una plancha, en luz en una lámpara y en energía mecánica (movimiento) en un ventilador.

El viento es aire que se mueve. La energía del aire en movimiento se puede usar para mover otros objetos— molinos de viento, botes de vela y globos.

HAZ UN MOLINO DE VIENTO

Corta un cuadrado de papel de 5 pulgadas (12.7 centímetros). Córtalo por las líneas diagonales casi hasta el centro del cuadrado, como se indica en el diagrama.

Pasa un alfiler por los puntos 1, 2, 3 y 4 y luego por el centro del cuadrado.

Clava el alfiler al borrador de un lápiz.

Corre con el lápiz en la mano. ¿Gira el molino de viento? Si hace viento, ¿tienes que correr? Hazlo y verás.

Cuando tiras o empujas,
usas energía. ¿De dónde
viene tu energía?

La comida te da la energía
para moverte. Te da energía
para empujar o tirar de algo.

Cuando un empujón o un tirón mueve algo, produce trabajo.

Siempre se necesita energía para producir trabajo.

El combustible proporciona a los carros, trenes y aviones la energía que éstos necesitan.

LAS RUEDAS
FACILITAN EL TRABAJO

Mira los dos botes de
basura que se ven en las fotos.
¿Qué bote es más fácil de
mover?

Trata de hacerlo y verás.

EXPERIMENTO

Usa un par de patines.

Amarra una liga a cada patín.

Agarra una de las ligas y tira de uno de los patines, tendiéndolo de lado.

Agarra la otra liga y tira del patín que está sobre sus ruedas.

¿Cuál de los dos patines necesita un tirón más fuerte?

¿Cómo lo sabes?

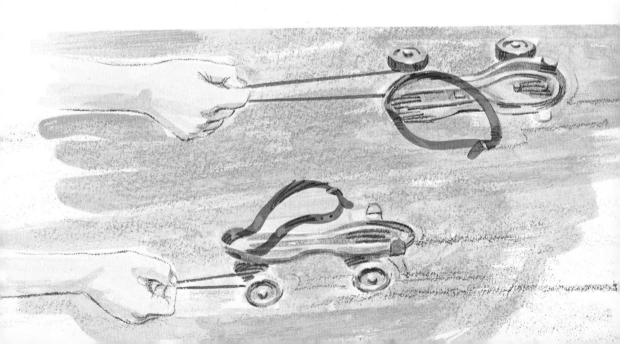

POLEAS

Las ruedas ayudan a alzar objetos.

Las ruedas que alzan objetos se llaman poleas.

¿Puedes hallar las poleas en estas fotos?

Cuantas más poleas se
usan, tanto más fácil es
alzar algo.

ENGRANAJES

Las ruedas dentadas
(con dientes) forman engranajes.
Cada rueda del engranaje
se usa para hacer girar otras
ruedas. Los engranajes se
usan en los relojes, en los
juguetes de cuerda y en los
automóviles.

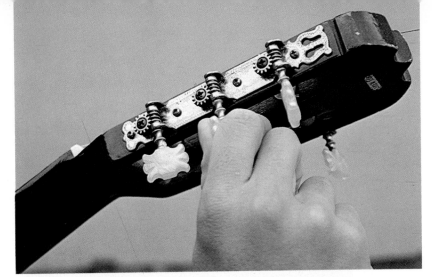

Las batidoras usan
engranajes para hacer girar
las paletas. Haz el ejercicio
de la próxima página para
aprender sobre los engranajes. **43**

ACTIVIDAD

Pide prestada una batidora. Examínala con cuidado. Luego trata de usarla.

¿Sabes qué rueda se mueve más rápidamente? ¿Se mueven todas las ruedas en la misma dirección? ¿Qué pasa cuando le das vuelta a la manija?

Trata de hacerlo y verás.

PALABRAS QUE DEBES SABER

actividad—algo que hacer; una lección

amarrar—sujetar

diagonal—que se inclina hacia abajo desde una esquina a otra

diagrama—dibujo que muestra cómo funciona algo

diferente—distinto; que no es igual

dirigirse—apuntar; ir hacia una dirección

energía— capacidad de trabajar; fuerza

engranaje—conjunto de ruedas con dientes alrededor de su borde

extender—alargar

fuerza—poder, energía

gravedad—fuerza con que la Tierra atrae objetos hacia su centro

mecánico—que tiene que ver con máquinas

opuesto—contrario

polea—tipo de máquina sencilla que se usa para mover cargas pesadas

rueda dentada—rueda con dientes alrededor de su borde

INDICE

Sobre la autora

Vera Webster es ampliamente conocida en el campo de las publicaciones como editora y autora de materiales científicos y sobre el medio ambiente para lectores juveniles y adultos. Ha dirigido varios seminarios educacionales y ha pronunciado discursos para proporcionar tanto a padres como a maestros la oportunidad de aprender más sobre los niños y su proceso de aprendizaje. Vive en Carolina del Norte y es madre de dos hijas adultas. La Sra. Webster es presidenta del Creative Resource Systems, Inc.